城市交通实训指导系列教材

主　编◎李云飞　赵力耀
副主编◎刘铭智　刘鸿婷　杨图南

城市轨道交通客运组织实训指导书

云南出版集团公司
云南人民出版社

图书在版编目（CIP）数据

城市轨道交通客运组织实训指导书 / 李云飞，赵力耀主编．—昆明：云南人民出版社，2013.11（2020.5 重印）
ISBN 978-7-222-11377-0

Ⅰ．①城… Ⅱ．①李… ②赵… Ⅲ．①城市铁路－铁路运输－旅游运输－行车组织－高等学校－教学参考资料 Ⅳ．①U239.5

中国版本图书馆 CIP 数据核字（2013）第 282499 号

出 品 人：赵石定
责任编辑：冯 琰
责任校对：胡元青
封面设计：杨晓东
责任印制：马文杰

城市轨道交通客运组织实训指导书
CHENGSHI GUIDAO JIAOTONG KEYUN ZUZHI SHIXUN ZHIDAOSHU

主　编　李云飞　赵力耀
副主编　刘铭智　刘鸿婷　杨图南

出　版　云南出版集团　云南人民出版社
发　行　云南人民出版社
社　址　昆明市环城西路609号
邮　编　650034
网　址　www.ynpph.com.cn
E-mail　ynrms@sina.com
开　本　787mm × 1092mm　1/16
印　张　3
字　数　50千
版　次　2013年11月第1版　2020年5月第3次印刷
印　刷　昆明理煌印务有限公司
书　号　ISBN 978-7-222-11377-0
定　价　18.00元

云南人民出版社公众微信号
如有图书质量及相关问题请与我社联系
审校部电话：0871-64164626
印制科电话：0871-64191534

实训基本信息

学 生 姓 名：____________________

专　　　 业：____________________

学　　　 号：

班　　　 级：____________________

校内指导教师：____________________

校外指导教师：____________________

实 训 时 间：____________________

实 训 地 点：____________________

实 训 成 绩：____________________

实训纪律

1. 学生在实训教师指导下，按照实训计划认真完成实训任务。

2. 严格遵守学校和实训单位规章制度，遵守纪律，严格考勤，不得无故缺勤。

3. 严格遵守实训单位安全规程、操作规程、劳动纪律、保密制度等规定，现场实训前必须完成安全教育，未受教育者不得进入实训现场。

4. 实训期间服从实训单位的统一安排，尊敬老师，听从指挥，爱护公物，团结友爱，讲文明、讲礼貌，虚心向师傅学习。

5. 实训期间集中统一出发、集体返校。实训期间学生不得私自离开实训地点，不听劝阻的按违反纪律处理。

6. 实训期间遵守交通法规，注意交通安全。

7. 对违反纪律的，实训成绩按不合格处理，严重违反纪律的按学校有关纪律管理规定处理。

目　录

城市轨道交通客运组织实训方案

一　实训目的

1. 了解地铁车站的结构和基本布局及车站周边情况。

2. 了解地铁车站各岗位的工作职责、工作内容及常用工具。

3. 了解地铁车站中的各种设施设备及相关操作要求。

4. 通过调研在车站各站务员岗位的跟班实习，亲身体会站务员工作内容和应对方法，培养良好的工作服务意识。

5. 通过客运组织实习，了解地铁中售检票系统及其操作，学会处理不符合乘车条件的情况及车票丢失、误购、超乘等情况，学会办理充值及补票等业务，了解车站基本的客流情况。

6. 通过车控室岗位实习，了解 CCTV、车站广播、FAS、BAS 等设备的使用。

7. 了解车站值班站长对车站的管理。

8. 通过对地铁车站应急预案的理解和演练，培养良好的心理素质，遇到紧急情况能从容应对。

二　实训内容

1. 地铁车站的结构、布局及周边环境了解。

2. 地铁车站各岗位工作认知及常用工具了解。

3. 地铁车站站务员岗位实训。

4. 地铁车站客服中心岗位实训。

5. 地铁车站值班员岗位实训。

6. 地铁车站值班站长岗位实训。

7. 实习汇报演练。

三　实训方法

本实训主要按照实训指导书和指导教师的要求，完成实训内容。在实训过程中，学生在教师指导下完成分组，自行讨论、组织、安排实训具体实施内容，并进行反馈，总结具体实施过程中存在的问题和经验教训，原则上要求人人要参与、人人有收获。

四　实训时间与课时分配

本实训为期5天，共30学时（学时分配见实训项目）。

五　调查总结

实训学生要根据实训要求在完成全部实训内容后，对整个实训过程进行分析总结，并完成一份实训总结报告，在实训结束后一周内提交。

实训项目一：地铁车站的结构、布局及周边环境了解

时间分配：6 课时

实训形式：专题讲座、现场参观

1. 你所实习车站名称为＿＿＿＿＿＿＿＿＿＿，其按位置分属于＿＿＿＿＿＿＿＿＿＿车站，按车站站台形式分属于＿＿＿＿＿＿＿＿＿＿车站。

2. 请在方框内用铅笔分别绘制参观的车站的站厅、站台平面示意图（平面图内必须包含出入口、应急出口、自动扶梯、自动售票机、服务区进出口、无障碍电梯、轨行区、屏蔽门等），在所绘平面图上表示出车站进出站指示方向，黑色表示进口，红色表示出口。

3. 下图属于地铁车站的__________________设施。

其使用人群和注意事项是什么？

____

____

____

____

____

____

____

____

____

____

____

____

____

____

4. 结合车站平面图，分别描述每个地铁出口周边的建筑物及交通配套情况。

实训项目二：客运岗位工作职责及常用工具实训

时间分配：6 课时

实训形式：现场参观

1. 请在方框内绘制车站工作岗位组织结构图。

2. 写出车站值班站长的工作职责。

3. 写出车站站务员的工作职责。

4. 写出车站客服中心工作人员的工作职责。

5. 写出车站行车值班员的工作职责。

6. 请你根据参观所了解的信息，写出车站站务员工作时在着装、语言及行为方面的注意事项。

7. 请按摆放序号写出下列车站常用工具的名称及作用。

1	7
2	8
3	9
4	10
5	11
6	

实训项目三：地铁车站站务员岗位实训

时间分配：3 课时

实训形式：专题讲座、现场实训

1. 上图实习学生岗位为____________________岗位，该岗位人员上岗应携带哪些工具或设备？

____

____

____

____

2. 请列举该岗位的日常工作内容。

3. 请根据下列图片，写出旗语或手信号所代表的含义。

4. 根据下图箭头所示写出屏蔽门单元名称（从左到右依次填入下表）。

5. 请问应急门一般在什么时候开启，你所在车站上行方向有几扇应急门？

6. 请问当屏蔽门发生列车车门关闭而单扇屏蔽门无法关闭的故障时，站务员该如何处理？

7. 请问下图所示装置是什么装置？按下该装置红色按钮后会出现什么状况？站务员在什么情况下可以使用该装置？观察一下你所实习车站上该装置安装在哪些地方。

8. 当乘客上下列车时，手机不慎掉入列车与屏蔽门之间缝隙，站务员应如何处理？

实训项目四：地铁车站客服中心岗位实训

时间分配：3 课时

实训形式：现场参观

1. 如上图，学生实习岗位为＿＿＿＿＿＿＿＿＿＿＿＿＿＿，该岗位的日常工作内容为＿＿＿

2. 请描述半自动售票机在充值、退票及补票中的操作步骤。

3. 请问下图的设备是____________________，该设施如何使用？

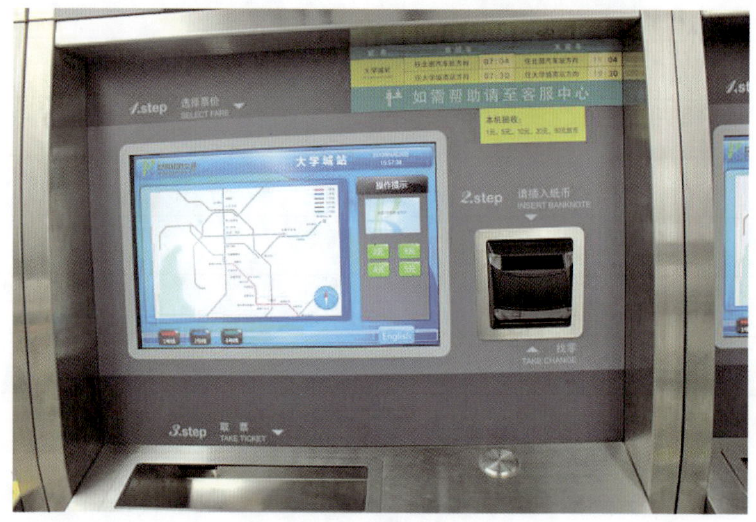

____

4. 当乘客在出站刷卡、闸机不开的情况下，工作人员如何处理？

5. 当乘客说着方言来问路，工作人员听不明白乘客所说意思时怎么办？

6. 当乘客拿着100元人民币来充值公交卡，工作人员不能鉴别其真伪，要求乘客调换，乘客拒绝，工作人员如何处理？

7. 乘客捡到一个皮夹交给工作人员，工作人员如何处理?

实训项目五：地铁车站值班员岗位实训

时间分配：3 课时

实训形式：现场实训

1. 上图所示为____________________的工作岗位，请列举该岗位的日常工作内容。

2. 下图中设备为__________________，该设备如何使用？工作人员通常在什么情况下使用它？

3. 下图为车站__________________设备，当该设备报警，工作人员应如何处理？

4. 请问车控室都摆放着哪些文件？列举主要应急处理预案。

实训项目六：地铁车站值班站长岗位实训

时间分配：3 课时

实训形式：现场实训

1. 列举车站值班站长的日常工作内容。

2. 请在所给方框内画出值班站长所填写的资料（台账、报表或工作日志，任选其一）。

3. 写出车站值班站长定期对车站巡逻、巡视的要点。

4. 如果有记者来车站采访，询问地铁情况并要求拍摄，值班站长应该如何处理？

5. 请问，当老龄乘客来投诉某工作人员态度不好，值班站长如何应对？

6. 国庆放假前一天，大学城学生回家人数骤增，引发车站大客流，值班站长应该如何应对？

实训项目七：实训汇报演练

时间分配：6课时

实训形式：现场实训与案例分析

车站现场实训结束后，要求学生分小组对实习岗位实训内容在学校实训室进行汇报演练。演练要求如下：

1. 按实习车站分组，要求小组成员分别扮演车站各岗位人员（主要扮演值班站长、车控室值班员、客服中心票务员、站台站务员）。

2. 实习指导老师和班级其他成员模拟乘客或检查人员，随机模拟车站发生各类情况。

3. 演练学生根据各岗位职责在模拟情景下实时处理应对。

4. 指导老师根据演练学生表现给出演练成绩。

5. 模拟情景可设计以下情节，但不仅限于如下情节：

（1）乘客受伤。分不同部位轻伤、重伤，由设备引起或由乘客引起，如屏蔽门夹人，自动扶梯上摔倒等；

（2）乘客物损。分一般物品、贵重物品，乘客自己丢失、设施设备故障问题导致，如乘客下车物品忘记在车上，电梯、屏蔽门等夹坏乘客物品等；

（3）乘客进出站不顺，充值不顺，乘客不遵守乘坐地铁手册等不文明行为，如乘客随地吐痰、抽烟，乘客对票卡金额有疑问等；

（4）突发意外情况，大客流、列车失电、火灾、恶劣天气等。

请结合演练分析以下案例，当如下事件发生时，车站各岗位人员应如何处理？

1. 2011年7月5日9点36分，北京地铁4号线动物园站A口上行电扶梯发生设备故障，正在搭乘电梯的部分乘客出现摔倒情况，造成一名12岁少年身亡、3人重伤、27人轻伤。如果你是该车站工作人员，要如何处理？

车站站务员____

____

____

____

____

____

____

____

____

____

车站客服中心人员____

____

____

____

____

____

____

____

____

____

车站值班员____

____

____

____

____

值班站长

其他工作人员

2. 2010 年中国上海世界博览会期间，有大量乘客通过乘坐地铁到上海世博园观光游览。5 月 1 日开幕式当天，各条地铁线路均出现大客流。如果你是世博园地铁站工作人员，遇到这种特大客流情况如何处理?

车站站务员______________________________

车站客服中心人员______________________________

车站值班员______________________________

值班站长

其他工作人员

实训工作总结

1. 实训过程小结。

2. 实训过程中发现的问题。

3. 通过实训想到的一些合理化建议。

实训成绩评定

本次实训的成绩依据 4 个分项目综合评定，具体如下：

评定项目	项目比例（分）	实训项目得分（分）	备　注
1. 实训纪律	10		
2. 岗位实训成绩	50		
3. 实训演练与案例分析	30		
4. 发现和创新	10		
合　计	100		

学生实训最后成绩评定标准：

1. 90 分以上：“优”；

2. 80 ~ 89 分：“良”；

3. 70 ~ 79 分：“中”；

4. 60 ~ 69 分：“及格”；

5. 60 分以下：“不及格”。

指导老师评语：